全国职业院校烹饪专业教材

烹饪原料加工技术习题册

贾晋　主编

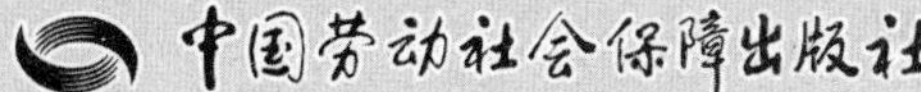

简介

本习题册根据职业院校烹饪专业学生的特点，参照国家相关职业标准和行业岗位技能鉴定规范编写，与全国职业院校烹饪专业教材《烹饪原料加工技术》配套使用。习题册按照教材章节顺序编排，包含名词解释、填空题、判断题、不定项选择题、简答题、实训题等多种题型，供学生课后练习使用。

本习题册由贾晋任主编，李阳任副主编。

图书在版编目（CIP）数据

烹饪原料加工技术习题册 / 贾晋主编. -- 北京：中国劳动社会保障出版社，2021
全国职业院校烹饪专业教材
ISBN 978-7-5167-5095-7

Ⅰ. ①烹… Ⅱ. ①贾… Ⅲ. ①烹饪-原料-加工-中等专业学校-习题集
Ⅳ. ①TS972.111-44

中国版本图书馆 CIP 数据核字（2021）第 189633 号

中国劳动社会保障出版社出版发行

（北京市惠新东街 1 号 邮政编码：100029）

*

涿州市星河印刷有限公司印刷装订 新华书店经销

787 毫米 × 1092 毫米 16 开本 2.5 印张 44 千字

2021 年 10 月第 1 版 2025 年 12 月第 8 次印刷

定价：5.00 元

营销中心电话：400-606-6496

出版社网址：http://www.class.com.cn

http://jg.class.com.cn

目　录

第一章　鲜活原料初加工技术

一、名词解释

1. 鲜活原料

2. 鲜活原料的初加工

3. 烫洗法

4. 刮洗法

二、填空题

1. 鲜活原料在烹饪中使用非常广泛，是最常见的一大类原料，主要包括________、水产品、________、________等。

2. 鲜活原料初加工的方法主要包括摘剔、宰杀、________、________、________和清洁、洗涤处理等。

3. 叶菜类蔬菜初加工方法一般有摘剔老根、老叶、杂物和________等；新鲜的叶菜类蔬菜一般采用________洗涤，也可根据情况不同而采用________或________洗涤。

4. 鱼类的初加工大致可分为________、________、取内脏和洗涤、整理等步骤。

5. 甲鱼的初加工步骤是宰杀、________、________、________、洗涤。

6. 家禽初加工的步骤主要是________、________、________及洗涤等。

7. 家禽开膛取内脏的方法可视烹调的需要而定，常用的有________、背开和________三种。如烤鸭可用________方法，清蒸全鸡可用________方法，凡切丝、切丁、斩块的可用________方法。

8. 家禽宰杀应在________下刀，要割断________和________。

9. 家禽煺毛的水温大概在________左右。

10. 茎菜类蔬菜是指以植物的嫩茎或________作为主要食用部位的原料，按其生长的环境可分为________蔬菜和________蔬菜两大类。

11. 活鸡的初加工步骤是：宰（割）杀→________→煺毛→________→洗涤待用。

12. 猪肠的初加工步骤是：________→翻转洗去污物→________→清水洗净→再翻转揉搓、冲洗即可。

13. 猪肺的初加工步骤是：肺总管套在水龙头上→________→剥去肺外膜→洗净待用。

14. 扇贝加工采用专用工具，将壳撬开，取出扇贝肉，剔除________，用水洗去________，即可烹调。

三、判断题

1.《烹饪原料加工技术》的研究对象是烹饪原料的性质、特点。（ ）

2. 烹饪原料加工工序可分为粗加工、细加工和成品加工。（ ）

3. 鸽子活杀的方法有摔死、闷死等。（ ）

4. 番茄用开水略烫，皮会很好剥。（ ）

5. 用盐水洗涤蔬菜可起到杀菌消毒的作用。（ ）

6. 鸡油经煎熬后称为明油。（ ）

7. 蔬菜焯水后必须用凉水浸透。（ ）

8. 猪舌在初加工时，可采用搓洗法洗掉舌苔。（ ）

9. 蔬菜含有较多的水溶性维生素，因此应采用先洗后切的方法进行初加工。（ ）

10. 家禽宰杀时要放尽血液，否则对色泽和肉质有一定的影响。（ ）

四、不定项选择题

1. 适宜用摘洗方法加工的鱼类有（ ）。

A. 鱿鱼　　B. 鳝鱼　　C. 乌贼　　D. 章鱼

2. 家禽用背开方法取内脏，适用的菜肴有（　　）。

A. 爆鸡丁　　B. 金葱扒鸭　　C. 烤鸭　　D. 八宝鸡

3. 加工时不需要去鳞的鱼是（　　）。

A. 白鳞鱼　　B. 黄鱼　　C. 刀鱼　　D. 鲥鱼

4. 适宜用烫泡方法加工的鱼类有（　　）。

A. 乌鳢　　B. 海鲤　　C. 黄鳝　　D. 鳗鲡

5. 适宜用清水漂洗加工的原料是（　　）。

A. 肚　　B. 肠　　C. 脑　　D. 脊髓

6. 用于盐水洗涤的盐水浓度是（　　）。

A. 2%　　B. 3%　　C. 4%　　D. 5%

7. 原料初加工中洗涤的目的是（　　）。

A. 去除杂质　　B. 去除污物、异味

C. 去除血污、杂物　　D. 去除污物、异味、黏液

8. 鱼类取内脏的方法有（　　）。

A. 开腹、开背、夹鳃

B. 开腹取脏法、口腔取脏法、开背取脏法

C. 口腔取脏法、开背取脏法、肋开取脏法

D. 肋开取脏法、开腹取脏法、口腔取脏法

9. 猪肠的初加工方法有（　　）。

A. 翻洗法　　B. 刮洗法　　C. 搓洗法　　D. 漂洗法

10. 蔬菜初加工中洗涤的方法有（　　）。

A. 冷水洗　　B. 碱水洗　　C. 盐水洗　　D. 高锰酸钾溶液洗

11. 下列原料适宜冷水锅焯水的有（　　）。

A. 牛肉　　B. 蔬菜　　C. 心、肺　　D. 肠

12. 猪肚的初加工方法有（　　）。

A. 翻洗法　　B. 刮洗法　　C. 搓洗法　　D. 冲洗法

13.（　　）等一般采用去皮、去蒂、去瓤的初加工方法。

A. 丝瓜　　B. 冬瓜　　C. 南瓜　　D. 芋艿

14.（　　）等一般采用摘剔的初加工方法。

A. 大白菜　　B. 菠菜　　C. 芹菜　　D. 油菜

15. 猪舌的初加工步骤包括：①冲洗；②沸水刮洗；③洗涤；④整理。下列选项中，排序正确的是（　　）。

A. ①②③④　　B. ②③④①　　C. ③④①②　　D. ③④②①

16. 在对蔬菜原料进行洗涤时，若蔬菜中含有的幼虫和虫卵较多，最好采用（　　）方法。

A. 清水直接洗涤　　B. 盐水＋清水洗涤

C. 洗涤剂＋清水洗涤　　D. 高锰酸钾溶液＋清水洗涤

17. 下列选项中，（　　）对原料的营养成分破坏最小。

A. 碱致嫩　　B. 盐致嫩

C. 物理致嫩　　D. 嫩肉粉（剂）致嫩

18. 加工鱼类时，若将苦胆弄破，可用（　　）洗涤。

A. 醋　　B. 小苏打水　　C. 盐水　　D. 明矾水

五、简答题

1. 烹饪原料加工技术在菜肴制作中的作用是什么?

2. 新鲜蔬菜初加工的一般原则是什么?

3. 水产品初加工的要求有哪些?

4. 家禽初加工的要求有哪些?

5. 简述黄鳝的烫泡方法。

6. 为什么说烹饪原料加工技术是烹饪技术中不可缺少的重要组成部分?

7. 简述甲鱼的初加工过程。

8. 如何掌握好家禽烟毛时的水温和烫泡时间?

9. 家畜内脏初加工的要求有哪些?

10. 为什么说了解和熟悉烹饪原料的性能是菜肴质量的保证?

六、实训题

1. 进行活鸡（鸭）初加工实践操作，并写出实习报告。

体会：

2. 进行猪肚初加工实践操作，并写出实习报告。

体会：

3. 进行鲫鱼初加工实践操作，并写出实习报告。

体会：

4. 进行墨鱼初加工实践操作，并写出实习报告。

体会：

5. 进行对虾初加工实践操作，并写出实习报告。

体会：

6. 进行猪肠初加工实践操作，并写出实习报告。

体会：

7. 进行脑花初加工实践操作，并写出实习报告。

体会：

8. 进行猪肺初加工实践操作，并写出实习报告。

体会：

9. 进行猪爪初加工实践操作，并写出实习报告。

体会：

第二章　刀工与原料成形技术

一、名词解释

1. 刀工

2. 片刀

3. 刀法

4. 直刀法

5. 平刀法

6. 斜刀法

7. 剞刀法

8. 综合剞

9. 菜墩

二、填空题

1. 常用的磨刀石有________、________和________三种。

2. 能在短时间内将刀刃磨制锋利的工具是________。

3. 用于烹饪食品加工的刀具种类很多，较为常用的有片刀、________、________、________等。

4. 刀法的种类很多，操作时根据刀刃与菜墩接触________，可以把刀法分为________、________、________和其他刀法四类。

5. 银针丝的规格是________，二粗丝的规格是________，细丝的规格是________，牛舌片的规格是________，灯影片的规格是________。

6. 麦穗形花刀是先在原料表面剞上________，再按一定规格________切成条，加热后即卷曲成麦穗形状。

7. 推切的操作方法是从刀刃________分推至刀刃________时，刀刃与菜墩吻合，一刀________，一刀________。如切________、________等都适宜用推刀法。

8. 原料成形是指根据菜肴和烹调的不同需要，运用各种________，将原料加工成________、块、________、________、丁、________、________、________、________等形状的加工技法。

9. 片可采用________或________的刀法加工成形。常用的片有________、________、柳叶片、________、________、________、________、斧头片等。

10. 切刀法可分为________、________、拉刀切、________、________、________、翻刀切等几种切法。

三、判断题

1. 刀工技术不仅能对菜肴进行造型美化，而且还可以丰富菜肴的品种。（　　）
2. 刀具用完后必须用清洁的抹布擦干水和污物。（　　）
3. 如果在刀刃上看见白色的光亮，则表明刀已磨好。（　　）
4. 菜墩又称砍墩、剁墩、砧板、案板。（　　）
5. 磨刀时两脚自然并拢，刀刃向外平放在磨刀石上，前推后拉。（　　）
6. 用刀操作时，须立正站稳，前胸稍挺，目要前视。（　　）
7. 滚料切是将刀与原料同时滚动，所以也叫滚刀切。（　　）
8. 右手持刀，一刀接一刀笔直地切下去是直切。（　　）
9. 剁是将无骨的原料制成泥茸的一种刀法。（　　）
10. 连续砍数刀方能砍断原料的刀法是跟刀砍。（　　）
11. 较硬的原料加工成两片必须用开片砍的刀法。（　　）
12. 斜刀片适用于质软、脆性或韧性且形体较小的无骨原料。（　　）
13. 荔枝形花刀与麦穗形花刀技法相同，只是原料形状呈象眼块。（　　）
14. 柳叶形花刀的刀法一般用于剞鱼。（　　）
15. 横切牛肉，竖切鸡肉，斜切猪肉。（　　）
16. 丁、粒、末等都是用直剁的方法加工成的。（　　）

四、不定项选择题

1. 直砍刀法要求（　　）。

A. 用臂膀力　　B. 左手按住原料
C. 原料放平稳　　D. 握紧刀柄

2. 片刀的特点是（　　）。

A. 刀身略宽　　B. 刀身较长
C. 刀身窄而薄　　D. 刀身重

3. 制作菜墩的材料最好选用（　　）。

A. 榆木　　B. 皂荚木　　C. 银杏木　　D. 松木

4. 加工带骨或质地坚硬的原料使用的刀具是（　　）。

A. 片刀　　B. 切刀　　C. 砍刀　　D. 尖刀

5. 加工羊肉片使用的刀法是（　　）。

A. 直切　　B. 推切　　C. 拉切　　D. 锯切

6. 铡切刀法适用的原料是（　　）。

A. 螃蟹　　B. 盐水鸭　　C. 排骨　　D. 猪爪

7. 先用直刀剞出刀纹，再把原料横过来切成片后的成形规格是（　　）。

A. 荔枝形　　B. 梳子形　　C. 卷形　　D. 球形

8. 为了使新购买的菜墩木质收缩、更加结实，可采用的方法是（　　）。

A. 入盐卤中浸泡　　B. 用醋涂表面

C. 用盐涂擦　　D. 用盐水涂淋表面

9. 蜈蚣形花刀常用于加工（　　）。

A. 鱿鱼　　B. 猪黄管

C. 猪腰　　D. 鹅肫

10. 薄片的成形刀法是（　　）。

A. 剞　　B. 砍　　C. 剁　　D. 片

11. 用刀的基本方法是（　　）。

A. 右手持刀　　B. 左手持刀

C. 左手控制原料　　D. 用腕力和小臂力量运刀

12. 刀工操作应（　　），以符合卫生要求。

A. 生熟原料分墩　　B. 同墩分料

C. 分刀操作　　D. 分墩分刀

13. 刀工技术熟练的主要标准是（　　）。

A. 狠　　B. 准　　C. 精　　D. 美

14. 锯刀法要求（　　）。

A. 落刀要快　　B. 落刀不能快

C. 落刀要直　　D. 左手按稳原料

15. 片茭白、冬笋、榨菜适用的刀法是（　　）。

A. 直切　　B. 锯切

C. 拉刀切　　D. 推切

五、简答题

1. 怎样才能做到经刀工处理后的原料整齐划一，没有连刀现象？

2. 刀工的作用有哪些?

3. 刀工与原料成形有何关系?

4. 锯切刀法的要求是什么?

5. 直砍刀法的要求是什么?

6. 斜刀法、平刀法、直刀法的区别有哪些?

7. 切丝时有哪些注意事项?

8. 剞刀法在烹饪中的作用是什么?

9. 块是用何种刀法加工成的？常用的有哪些块形?

10. 直切的操作要领是什么?

11. 切片时有哪些注意事项?

12. 刀工的基本要求有哪些?

六、实训题

1. 使用正确的磨刀方法，用磨刀石磨制刀具，并写出实习报告。

体会：

2. 利用面团练习运刀方法，并写出实习报告。

体会：

3. 练习二粗丝的成形，并写出实习报告。

体会：

4. 练习银针丝的成形，并写出实习报告。

体会：

5. 练习细丝的成形，并写出实习报告。

体会：

6. 练习牛舌片的成形，并写出实习报告。

体会：

7. 练习灯影片的成形，并写出实习报告。

体会：

8. 练习肉丝的成形，并写出实习报告。

体会：

9. 练习麦穗形花刀，并写出实习报告。

体会：

10. 练习凤尾腰花的成形，并写出实习报告。

体会：

11. 练习开花葱、马耳朵葱的切制，并写出实习报告。

体会：

第三章　分档取料与整料出骨

一、名词解释

1. 分档取料

2. 整料出骨

二、填空题

1. 原料经整料出骨后不仅易于________，而且能够________，制作出形态多样的象形菜肴。

2. 猪的凤头肉又称________，此处肉皮________，微带________，瘦中夹肥，肉质________，适宜炒、________、________、蒸、________等多种烹调方法。

3. 五花肉的特点是________排列，其肉质________，肥瘦相间。

4. 牛________是牛背部肌肉，宽且厚，是一条长方形肌肉。

5. 鸡可分为七个部位，分别是________、________、________、________、________、________、鸡骨架。脊背两侧各有一块肉，是鸡全身最嫩的肉，俗称________。

6. 分档取料就是对已经宰杀和初步加工的家畜、家禽的整个胴体，按照烹调的不同要求，根据其肌肉及骨骼组织的________、________，准确地进行分档切割的方法。

7. 根据菜肴特色和烹调方法的不同，所选用的原料部位也不一样。如用猪肉烹制菜肴，蒸、烧、焖类的一般用________为宜，制作的菜品肥而不腻，香味浓郁；制作熘、炒类的用________才细嫩鲜香；若制作“回锅肉”，则首选________。所以，只有因菜取料和因料烹饪菜肴，才能保证烹调特色和菜肴质量。

8. 家畜、家禽类原料的品质随部位而异，部位不同，特性也有区别。例如猪颈肉肉质肥瘦不分、绵老，适宜________；里脊肉肉质最为细嫩，以________的烹调方法成菜最具特色。

9. 鸡翅膀的皮与肌肉均细嫩，一般不易剔骨出肉，常用于烧、________、________、________、酱、卤等烹调方法。鸡脯肉________、细嫩，一般可加工成片、丝、条、丁和制鸡茸等，适用于爆、炒、煎、汆、熘等烹调方法。

10. 猪头部位包括上下牙颌、耳朵、上下嘴尖、印合、眼眶、核桃肉等。猪头肉皮________、质________，胶质重，适宜凉拌、卤、腌、烟熏、酱腊等。

11. 猪里脊肉肉质最为细嫩，是猪肉中质地最好的肉，用途较广，适宜切丁、片、丝，剁肉丸等，可用于炒、熘、________、________、卤、________、腌、酱腊等烹调方法制作的菜肴。

12. 前夹上有一块双层方片形肌肉，体厚、纤维细、无筋，习惯上称其为________，相邻的一块纹细无筋的肉叫作________，质地较好，适宜酱、卤、焖、烧等。

13. ________是牛肉中最为细嫩的肉，用手就可以撕碎，适宜汆、爆、炒、熘等。

14. 鸡的整料出骨加工步骤是：________→出翅骨→________→________→翻转鸡皮。

三、判断题

1. 家畜、家禽类原料的品质随部位而异，部位不同，特性也有区别。（　　）

2. 部位取料时，应按刀路取肉，以保证不同部位原料的完整性。（　　）

3. 出骨取肉时，刀刃要紧贴骨骼，徐徐而进。（　　）

4. 家禽中的鸡、鸭、鹅、鸽、鹌鹑等肌体结构和肌肉部位的分布情况大体相同，分档方法也大体相同。（　　）

5. 猪肉的部位不同，肉质相差较大。（　　）

6. 眉毛肉是猪肩胛骨上面的一块约500克的瘦肉，与里脊肉完全相同。（　　）

7. 整只鸡经拆卸后，除去爪、翅膀、胸脯、腿以后，即剩下鸡骨架。（　　）

8. 作为整料出骨的原料，要求注重质地，必须选肥壮多肉且大小、老嫩适宜的原料。（　　）

9. 里脊肉又称腰柳肉，其肉质最为细嫩，是猪肉中质地最好的肉。（　　）

四、不定项选择题

1. 鱼体一般可分为（　　）。

A. 头部　　B. 中躯部　　C. 尾部　　D. 鳍部

2. 鸡脊背两侧各有一块肉，俗称（　　）。

A. 鸡牙子　　B. 栗子肉　　C. 里脊肉　　D. 腰窝肉

3. 整鱼出骨通常选用的鱼的品种有（　　）。

A. 白鱼　　B. 黄鱼　　C. 鳜鱼　　D. 鲤鱼

4. 猪的外脊俗称（　　）。

A. 通脊　　B. 硬脊　　C. 梅子肉　　D. 扁担肉

5. 整鸡出骨应当选用的鸡的年龄是（　　）。

A. 3 年以上　　B. 2 年左右　　C. 1 年左右　　D. 8~9 个月

6. 硬五花肉一般多用于（　　）。

A. 煮　　B. 爆炒　　C. 红烧　　D. 粉蒸

7. 鸡爪胶质丰富，皮嫩而脆，有皮无肉，主要用于（　　）等烹调方法。

A. 卤　　B. 拌　　C. 泡　　D. 制冻

8. 鸡腿肉多、厚实、颜色深、筋多，宜加工成丁、块，用于（　　）等烹调方法。

A. 烧　　B. 炸　　C. 炒　　D. 焖

9. 猪尾皮（　　）、脂肪少、胶质（　　），多用于烧、卤、凉拌等烹调方法。

A. 多　　B. 少　　C. 好　　D. 差

10. 为了烹制出用料精细、造型讲究、口感上乘的菜肴，往往对（　　）等整形的原料进行整料出骨。

A. 鸡　　B. 鸭　　C. 鱼　　D. 猪

11. 鱼的整料出骨加工步骤是：（　　）→（　　）→（　　）→（　　）。

A. 出脊椎骨　　B. 恢复原形　　C. 出胸骨　　D. 出整骨

五、简答题

1. 简述牛的分档部位特征及烹饪用途。

2. 整料出骨的意义及作用是什么?

3. 分档取料的作用有哪些?

4. 分档取料的关键是什么?

5. 整料出骨的要求是什么?

六、实训题

1. 操作整鱼出骨，并写出实习报告。

体会：

2. 操作鸡的分档取料，并写出实习报告。

体会：

3. 将一块带骨带皮的猪肉，剔除骨头，按部位分档取料，并写出实习报告。

体会：

第四章　干货原料涨发技术

一、名词解释

1. 干料涨发

2. 热水发

3. 泡发

4. 冷水发

5. 蒸发

6. 碱发

7. 油发

8. 火发

9. 晶体发

10. 提质

二、填空题

1. 干货原料是指将________在自然或人工条件下，经过________、________、________、风干等脱水干燥处理，使其水分降低到________的水平，从而可以________的一类烹饪原料。

2. 发料的目的是使干制原料________，最大限度地恢复原有鲜嫩、________、________的状态，并除去________和________，使之便于切配、烹调和食用。

3. 冷水发料的操作方法一般有________和________两种；热水发料的操作方法有________、________、________和________四种。

4. 生碱水的配制是将________、________放在一起溶化搅匀，即成为浓度约为________的纯碱溶液。

5. 熟碱水的配制是在________中加入________和________搅至溶化，静置、澄清后除去渣滓，即为熟碱水。熟碱水发过的原料________。

6. 燕窝的涨发可分为________、________、________和________四个步骤。

7. 油发一般适用于富含________和________的干料，如________、________、鱼肚等。

8. 蹄筋的涨发方法有________和________两种。

9. 浮皮油发的操作过程是小火烧油→________→________→________。

10. 油发时油锅中的温度是________℃。

11. 涨发干料时，必须熟悉干料的________和________，能鉴别原料的________，认真按程序操作。

12. 油发是利用油的________性来促使干料涨发。

三、判断题

1. 干制原料涨发加工时要采用先水发后碱发的方法。 (　　)

2. 从猪后足抽出的蹄筋涨发性差，质量不如前足好。 (　　)

3. 浸发有去色、去异味、去杂物的作用。 (　　)

4. 油发适用于胶质丰富、结缔组织多的干料。 (　　)

5. 熟碱水的配方，即碱面加冷水。 (　　)

6. 发海参的盛器和水都不可沾油、碱、盐。 (　　)

7. 晒干和烘干的干制品营养素损失最少。 (　　)

8. 提质后的燕窝，用碱水浸泡后备用。 (　　)

9. 银鱼、发菜、粉丝等干料经一次性热水涨发即成。 (　　)

10. 涨发玉兰片、燕窝、鱼翅忌用铁器。 (　　)

11. 碱发原料时，碱液浓度越高越好。 (　　)

12. 蹄筋放在油中浸泡时，体积会涨大。 (　　)

13. 所有海参在涨发时都要火烧。 (　　)

14. 所有干料涨发都不同程度地运用了水发法。 (　　)

15. 碱发原料时，如原料体大质硬，则碱液浓度宜大。 (　　)

四、不定项选择题

1. 对原料本身风味损失较少的干制方法是 (　　)。

A. 晒干　　B. 风干　　C. 炝干　　D. 烘干

2. 需经过多次反复发料的原料是 (　　)。

A. 鱼翅　　B. 海米　　C. 香菇　　D. 木耳

3. 适于碱发的原料是 (　　)。

A. 海参　　B. 燕窝　　C. 海蜇　　D. 鱼翅

4. 涨发干料时忌用铁器的原料是 (　　)。

A. 玉兰片　　B. 海参　　C. 鱼翅　　D. 板笋

5. 适于冷水发的原料有 (　　)。

A. 木耳　B. 金针菜　C. 竹荪　D. 鱼翅

6. 下列原料中，适宜焖发的有（　　）。

A. 鱼翅　B. 鱿鱼　C. 蹄筋　D. 海参

7. 下列原料中，适宜蒸发的有（　　）。

A. 干贝　B. 金钩　C. 香菇　D. 鲍鱼

8. 下列选项中，最基本的涨发方法有（　　）。

A. 水发　B. 碱发　C. 油发　D. 盐发

9. 下列原料中，适宜碱发的有（　　）。

A. 鱼翅　B. 鱿鱼　C. 蹄筋　D. 金针菜

10. 涨发香菇适用于（　　）。

A. 冷水发　B. 油发　C. 热水发　D. 碱发

11. 涨发鱿鱼时，用纯碱加清水兑制出的碱水在烹饪中称为（　　）。

A. 熟碱水　B. 水发剂　C. 生碱水　D. 强碱水

12. 下列选项中，最适宜水发的一组原料是（　　）。

A. 木耳、墨鱼、蹄筋　B. 鱿鱼、鱼肚

C. 海参、肉皮　D. 燕窝、猴头菇

五、简答题

1. 干货原料涨发的目的是什么?

2. 干货原料涨发的种类有哪些?

3. 干货原料有哪些特点?

4. 油发有哪几个技术要点?

5. 浸发与漂发的区别是什么?

6. 焖发适用于具有什么特点的干货原料?

7. 碱发的原理是什么?

六、实训题

1. 发制 300 克莲子，并写出实习报告。

体会：

2. 碱发 500 克鱿鱼，并写出实习报告。

体会：

3. 水发一次海参，并写出实习报告。

体会：

4. 涨发一次玉兰片，并写出实习报告。

体会：

5. 油发一次蹄筋，并写出实习报告。

体会：

6. 涨发一次浮皮，并写出实习报告。

体会：

第五章　配　菜

一、名词解释

1. 配菜

2. 主料

3. 辅料

二、填空题

1. 菜肴的质是由组成该菜肴原料的________所决定的，而菜肴的量则是指一道菜肴中所包含的各种原料________。

2. 要做好配菜工作，既要熟悉各种________，又要懂得各种原料的________、________，以及季节变化对菜肴组成的影响，同时还要懂得菜品的________。

3. 原料形状的配合，就是菜肴________和________不同形状的搭配，有________搭配和________搭配两种。

4. 盛器的样式要与菜品的________相协调，一般炒菜用________，烩菜用________。

5. 菜肴的色泽搭配包括________搭配和________搭配两种。

三、判断题

1. 味与香的配合是指以辅料的香味补主料的不足，如鱼翅、海参等主料要用鸡肉、

火腿等作辅料。（ ）

2. 配菜人员必须了解和熟悉原料的情况。（ ）

3. 脆配脆、软配软是配菜的基本原则之一。（ ）

4. 配制宴席菜肴时，需注意菜肴色、香、味、形、质的配合及季节变化。（ ）

四、不定项选择题

1. 配菜在形的配合上应该是（ ）。

A. 主、辅料形状一致，辅料规格与主料大小相等

B. 辅料形状与主料相近，规格小于主料

C. 主、辅料形状各异，规格大小相等

D. 主、辅料形状一致，辅料规格大于主料

2.（ ）是由单一原料构成的菜肴。

A. 清炖鸡　　B. 烧什锦

C. 熘里脊　　D. 炸猪排

3. 由烹调方法加上主料而命名的菜肴是（ ）。

A. 糖醋里脊　　B. 炸菊花鱼

C. 油爆虾　　D. 芙蓉鱼片

4. 主料由几种原料构成，且几种原料的用量基本相等的菜肴是（ ）。

A. 爆三样　　B. 汤爆双脆

C. 老葱炒猪肝　　D. 清炒虾仁

5. 在主料前加上人名或地名而命名的菜肴是（ ）。

A. 东坡肉　　B. 文思豆腐

C. 盐焗鸡　　D. 水晶肴蹄

6. 由调味品或调味方法加上主料而命名的菜肴是（ ）。

A. 糖醋鲤鱼　　B. 番茄鱼片

C. 咖喱牛肉　　D. 酱爆肉丁

7. 一份菜肴的质和量应该由（ ）来确定。

A. 原料数量的多少及品质的好坏　　B. 烹调技术的高低

C. 合理的营养搭配及原料品质的好坏　　D. 不同的烹调方法及原料数量的多少

8. “鲜熘鸡片”是根据（ ）命名的。

A. 菜肴形状　　B. 菜肴色泽

C. 烹调方法与主料　　D. 历史典故

五、简答题

1. 根据主料与辅料的配合情况，菜肴量的配合情况可分为哪三大类？

2. 简述菜肴命名的原则。

3. 如何进行合理配菜？

4. 菜肴命名应注意哪些事项？

5. 配菜的基本要求有哪些?

6. 菜肴命名的方法有哪几种?

7. 为什么说配菜是形成菜品多样化的重要因素?

六、实训题

1. 根据营养成分的配合进行配菜，并写出配菜思路。

2. 分析本地两道名菜配菜的合理性，并写出分析结果。